Manuel du Valet de Chambre

Contenant des indications sur la tenue, le langage, le service de table et des appartements, le soin des parquets, de l'argenterie, des cuivres, etc., la manière de recevoir et de répondre à la porte, etc., etc.

Anonymous

Alpha Editions

This edition published in 2022

ISBN : 9789356892965

Design and Setting By
Alpha Editions
www.alphaedis.com
Email - info@alphaedis.com

Contents

AVANT-PROPOS

Le métier de domestique est le seul où, sans aucun apprentissage, on trouve, du jour au lendemain, le vivre et le couvert, plus des gages qui sont tout profit. Il n'est donc pas étonnant de voir quantité de jeunes gens quitter les travaux des champs, pénibles et peu rétribués, pour aller servir dans les villes, comme domestiques; ils s'en vont, sans idée aucune de ce qui leur sera demandé, croyant tout savoir et ayant tout à apprendre: maintien, langage, service; leur apprentissage, c'est leur première place, heureux pour eux, s'ils tombent dans une maison où le service est correct et où les maîtres se montrent très exigeants; mais si par malheur (et leur incapacité les y conduit) ils débutent dans une maison où, par insouciance, les maîtres laissent aller le service à la diable, ils contracteront une foule de mauvaises habitudes, dont ils auront plus tard beaucoup de peine à se défaire, et ils n'arriveront jamais à être de ces domestiques modèles, qu'on garde jalousement et à prix d'or.

C'est pour suppléer à ce défaut d'apprentissage que ce *Manuel* est écrit, on y trouvera tout ce qui constitue le service du *Valet de chambre*, dans des formules brèves et concises, qu'on devra apprendre, pour ainsi dire par cœur; si la leçon est bien sue, tout paraîtra facile et coutumier.

De la Tenue

La Tenue,—c'est-à-dire la manière d'être, a une très grande importance; par elle on juge de suite un domestique. C'est donc le premier point que nous allons aborder.

1° Il y a **l'attitude**.—Il faut se tenir droit, d'aplomb sur les deux pieds; les bras tombant le long du corps; ne pas s'appuyer en parlant ou en attendant, ni contre un mur, ni sur un meuble; marcher sans courir; monter et descendre les escaliers, marche par marche, sans glisser la main sur la rampe.—Dans les appartements, il ne faut ni fumer, ni siffler, ni chanter; ne pas interpeller les autres domestiques à haute voix; enfin agir en tout avec le plus de discrétion et le plus de silence possible.

2° **La propreté**.—On ne saurait trop insister sur ce point; un domestique qui approche ses maîtres, qui vit dans leur intimité, ne doit pas se rendre désagréable à la vue, ni à l'odorat; il doit donc avoir un soin tout particulier de sa personne; se laver souvent à fond; changer fréquemment de linge et de chaussettes; avoir toujours les cheveux en ordre, le visage bien rasé, les mains et les ongles aussi propres que le permet le travail. Ne pas se servir de cosmétique, ni de pommade, ni d'aucun parfum.

Du savon blanc, de la glycérine pour le soin des mains s'il y a engelures ou crevasses; un peigne, une brosse pour la tête, une pour les dents et une pour les ongles, ainsi qu'une pierre ponce; voilà l'outillage indispensable à la toilette.

3° **Le vêtement**.—Ceci dépend en partie de la maison dans laquelle vous servez.—*La livrée* doit être soigneusement entretenue, bien brossée, boutons astiqués à la patience; suspendue avec soin; pantalon bien plié; les taches enlevées à la *Neufaline*, dès qu'il y en a.—Les tabliers doivent être ménagés, les blancs pour le travail d'appartement, les bleus pour les gros ouvrages; toujours bien attachés devant soi, accrochés pour qu'ils ne se froissent pas dès qu'on les quitte.—Le faux-col, propre et bien mis; la cravate serrée et bien nouée; le gilet boutonné complètement.

Pas de grosses épingles ni de grosses chaînes; pas de bagues; pas de cravates aux couleurs voyantes; pas de fortes chaussures faisant du bruit. Dans les appartements, des pantoufles noires légères; des sabots pour la cour et le balayage de la rue.

4° **Le langage**.—Il est d'usage, pour un domestique, de parler à la troisième personne; c'est-à-dire en s'adressant directement à une personne, comme si on parlait d'une autre. Exemple:

Au lieu de dire:	On dira:
Voulez-vous?	Monsieur veut-il? Madame veut-elle?
Avez-vous?	Monsieur a-t-il? Madame a-t-elle?
On vous demande.	On demande Monsieur. On demande Madame.
Si vous voulez	Si Monsieur veut. Si Madame veut.
Comme vous voudrez.	Comme Monsieur voudra. Comme Madame voudra.

C'est une habitude à prendre, en s'y appliquant on y arrive très vite.

Pour répondre lorsqu'on est appelé, on dit simplement: «Monsieur! Madame!»—Quand la personne à laquelle on s'adresse a un titre, on le donne en lui parlant: «Monsieur le Comte, Madame la Comtesse; Monsieur le Baron, Madame la Baronne, etc...»

S'il y a des enfants dans la maison, en leur parlant ou en parlant d'eux, on fera toujours précéder leur nom, de Monsieur ou de Mademoiselle, pour si jeunes qu'ils soient: «Monsieur Jean, Mademoiselle Madeleine.»

On ne parle que pour le besoin du service, ou pour répondre aux questions qui sont faites; il faut interrompre l'ouvrage qu'on est en train de faire, se tenir droit et regarder la personne qui vous parle; ne se retirer que lorsqu'on vous fait comprendre que l'observation ou l'ordre sont terminés.—Dans la rue, se découvrir pour parler à quelqu'un et garder tout le temps le chapeau à la main, sans le tortiller dans les doigts, mais en le tenant, la main tombant le long du corps.

Du Service

Le service d'un valet de chambre comporte ordinairement le soin des appartements; le service de la table; l'entretien de l'argenterie, des couteaux, des lampes; cuivres, carreaux; le bois, les feux; le balayage de la rue[A]; répondre à la porte[B].

Chaque maison a ses habitudes, il faut s'y conformer. Voici un programme général.

Aussitôt levé, ouvrir les persiennes, faire le service de Monsieur; en hiver, dresser les feux, monter le bois et le charbon; balayage de la rue; premier déjeuner pris rapidement, ce n'est pas le moment de perdre du temps; faire les appartements; s'habiller, mettre le couvert, servir le déjeuner; déjeuner soi-même; après, ôter le couvert et remettre la salle à manger en état; service d'office; argenterie, couteaux, lampes, cuivres, carreaux, etc... A la nuit, allumer les lampes, fermer les persiennes; mettre le couvert du dîner, servir.—Après le dîner des domestiques, ôter le couvert et remettre tout en ordre, sans rien laisser traîner, ce qui compliquerait le travail du lendemain.

Appartements.—On commencera les appartements par les pièces qui ne sont pas occupées; cabinet de travail, salons, salle à manger; les chambres ensuite dès qu'elles sont libres, enfin les escaliers et corridors.

Les parquets doivent être entretenus avec soin, toujours très brillants; ils seront passés à l'*encaustique*, une fois par semaine; tous les quinze jours ou tous les mois, selon que la pièce est plus ou moins habitée.—Tous les jours les taches de boue ou autres seront enlevées en brossant avec le pied; on devra balayer partout avec le balai de crin, passer le chiffon sous tous les meubles, car il n'y a rien d'affreux comme de voir la poussière, sous un lit, sous une armoire ou un meuble quelconque; enfin frotter, pour faire briller, avec le pied en se servant du chiffon de laine ou du patin et en suivant le fil des planches.

Tapis.—Quand il n'y a que des tapis légers, foyers, petites carpettes, on les lève et on les secoue par la fenêtre sur laquelle on les laisse pendant qu'on fait le parquet; après quoi on les replace, en ayant soin de les mettre bien droits et chacun à sa place.—Quand c'est un grand tapis de milieu, on commence par le balayer avec une balayette de chiendent, puis on le relève tout autour et on fait le parquet; une fois par semaine il sera nécessaire de l'enlever tout à fait, on le porte roulé dans la cour, on le met sur une corde et on le bat avec la raquette, puis on le brosse; ce jour-là, on brossera complètement le parquet de la pièce, avant de replacer le tapis.—Si le tapis couvre la pièce tout entière, on le balaiera avec un balai fait exprès.

Meubles.—Les parquets propres, c'est au tour des *meubles*.—Avec un chiffon fin on les essuiera les uns après les autres; les barreaux des chaises; les pieds des fauteuils; tables, buffets, meubles de tous genres; la table de la salle à manger, si elle est en *bois ciré*, doit être traitée comme les parquets, frottée avec la brosse pour enlever les taches et avec la laine pour faire briller; une fois par semaine passer l'encaustique.—On soulèvera chaque objet pour essuyer dessous; on ne doit pas laisser de poussière dessous ni autour.—Les objets seront essuyés avec soin et avec la plus grande précaution, car le plus souvent, ce sont des choses de grande valeur; les salons, surtout, renferment des objets très précieux; statuettes, porcelaines, vases, bibelots de toutes sortes; meubles en soie ou brodés; tentures, tableaux, etc., etc... Il est donc très important de manœuvrer au milieu de ces choses avec prudence, afin de ne pas s'exposer à commettre un malheur.—Les meubles en bois ciré seront brossés afin d'enlever la poussière des rainures et des sculptures, on les encaustiquera de temps en temps.—Les bois vernis, frottés à la laine.—Les glaces et les carreaux époussetés ou essuyés.—Les sièges de drap ou de laine, brossés avec une brosse de crin; le velours, avec une brosse de chiendent; la soie ou les broderies époussetées avec le plumeau, de même, les tentures de soie et les tapisseries.—Les tableaux sous verre peuvent être époussetés sans inconvénient, mais il faut se garder de jamais toucher à une peinture à l'huile, quand il y aura à déplacer des tableaux il faudra le faire avec mille précautions pour ne pas rayer la peinture ou crever la toile; au reste, le mieux sera d'agir sous l'œil des maîtres et avec leur direction.—Les grands rideaux et les portières seront secoués et brossés, de même les tapis de table.—Les boiseries, portes, plinthes, corniches ne seront pas oubliées.—Les cuivres, boutons de portes, devants de cheminées, chenets, seront toujours propres et brillants.—Enfin il faut faire une guerre acharnée à la poussière et aux toiles d'araignées, enlever celles-ci avec le balai ou avec la tête de loup, si elles sont trop haut; avoir toujours l'œil au guet pour voir si tout est propre et en ordre et dès que quelque chose laisse à désirer, nettoyer ou ranger; de cette façon la peine sera moins grande, car les appartements étant très propres, il n'y aura plus qu'à entretenir.

S'appliquer à remettre chaque chose et chaque meuble à la place qui leur est assignée par la maîtresse de la maison.—Ne jamais toucher à la table de travail ni aux papiers, à moins d'ordres précis.

Le plumeau sera employé avec discernement; d'abord parce que c'est un ustensile fort cher, il est bon de le ménager, ensuite parce qu'il est dangereux, peut accrocher les objets et les faire tomber, enfin la poussière qu'il enlève d'un endroit retombe sur un autre; le chiffon partout où il peut être employé est de beaucoup préférable, car il nettoie tout à fait là où il passe.

Les cabinets de toilette et les cabinets d'aisance devront être l'objet de soins particuliers, la propreté étant là plus nécessaire que partout ailleurs.

Dans le cabinet de toilette, la cuvette vidée, on la remplit d'eau claire et on lave dedans tous les objets de porcelaine qui sont sur la table; boîte à savon, boîte à brosses, bol à barbe, bols à éponges, verre à dents, etc., etc... Tout cela est essuyé avec une serviette exprès; ne jamais toucher à celles qui servent aux maîtres, pas plus qu'aux éponges; bien essuyer le dessus de la table, toile cirée ou marbre; remettre les objets bien en place; vider et essuyer la cuvette, mettre dedans le pot à eau plein.—Tous les ustensiles de toilette seront aussi essuyés; le seau versé sera frotté avec le petit balai de chiendent et passé à l'eau claire; s'il est encrassé par l'eau de savon, le frotter avec du sable ou de la cendre; de même le fond du couvercle que la vapeur de l'eau encrasse très vite, ce qui donne une mauvaise odeur; le vase de nuit sera aussi lavé et essuyé chaque jour, de temps en temps passé à la cendre ou à la potasse. Le broc toujours plein.

Sur le sol, s'il y a un tapis de linoléum il sera lavé et essuyé tous les jours, si c'est une natte, on la lèvera et on la tapera sur le sol, en la tenant debout; puis on balaiera et on frottera le parquet dessous.

Les cabinets d'aisance seront balayés et frottés comme les autres pièces; le siège doit être de même encaustiqué et brossé; la cuvette bien entretenue; veiller à ce qu'il y ait toujours de l'eau, quand elle n'y arrive pas seule.

Le ménage terminé, on va dans sa chambre, faire sa toilette; il est bon de prendre de l'eau chaude à la cuisine, car l'eau froide ne nettoie pas aussi bien. La toilette doit être faite rapidement, mais soigneusement; nous avons vu, plus haut, la nécessité de la propreté. Si les mains ont été noircies par le travail du matin, les frotter avec la brosse à ongles et la pierre ponce, un peu de potasse dans l'eau chaude aidera à les rendre propres. La toilette faite, il faut s'occuper du service de table.

Service de la table

Le couvert.—Pour le couvert et la manière de servir à table, chaque maison a ses habitudes dont on devra tenir compte. Voici des principes généraux qui rendront plus faciles les particularités qui pourront être demandées.

Ordinairement le *déjeuner* est servi sur la table nue, c'est-à-dire que l'on ne met pas de nappe, laquelle est remplacée parfois par une broderie dite «chemin de table». La table devra être d'une propreté irréprochable; bois ciré ou bois verni, nous avons dit la manière de l'entretenir; avant de placer le couvert, donner encore un coup de chiffon pour enlever la poussière qui a pu retomber depuis le ménage.

Mettre le chemin de table bien au milieu, la corbeille de fleurs, au centre; Monsieur et Madame sont placés en face l'un de l'autre; les autres personnes à distance égale de chaque côté. Mettre les assiettes près du bord, dans leur sens, c'est-à-dire le dessin ou le chiffre, s'il y en a, regardant la personne qui doit se placer devant; la fourchette à gauche de l'assiette, le couteau à droite, les chiffres en dessus; le verre debout, devant l'assiette, un peu à droite; la serviette sur l'assiette, en travers si elle est dans un rond; les carafes et les carafons, complètement pleins, alternant les uns avec les autres; le dessert bien dressé, placé symétriquement et avec goût, près de la corbeille; les salières entièrement remplies, à intervalles égaux et à la portée de la main.

Pour le *dîner*, on met une nappe, sur laquelle on ajoute encore quelquefois le chemin de table; dessous, une couverture.

Mettre la couverture en ayant soin de ne laisser aucun faux pli, la nappe dépliée avec soin pour ne pas la froisser, bien tirée; dessus le chemin de table, la corbeille et procéder comme pour le déjeuner en ajoutant à la droite de l'assiette à côté du couteau, une cuillère pour le potage.

Sur une table de service ou sur le dressoir, on mettra une pile d'assiettes, des fourchettes et des cuillères pour le besoin du service; on arrangera d'avance les assiettes à dessert, autant que de personnes à table; ces assiettes sont plus petites, on y met le couvert à dessert, cuillère, fourchette, couteau d'acier et couteau d'argent, le tout placé de la même façon sur chacune des assiettes et toujours les chiffres en dessus; on prépare également les bols à l'avance; on coupe le pain par morceaux réguliers, ni trop gros ni trop petits, on en met un sur chaque assiette, derrière la serviette si elle est roulée, dedans si elle est pliée; on en laisse quelques morceaux sur une assiette pour les passer s'il en est redemandé. Dans les dîners plus cérémonieux on a des petits pains, un entier pour chaque personne.—Il y a plusieurs manières de plier les serviettes lorsqu'elles sont propres; nous ne pouvons les indiquer ici, il faudrait des figures, ce qui n'entre pas dans notre cadre; cela s'apprend à première vue, en regardant faire.

Le service.—Quand tout est prêt et le moment venu de servir, on va au salon, on ouvre la porte toute grande et sur le seuil, on dit, ni trop haut, ni trop bas, mais clairement et distinctement: «Madame est servie!» Puis on se retire en laissant ouvertes derrière soi toutes les portes qui mènent à la salle à manger; on attend que tout le monde soit placé et on passe le potage; on tient l'assiette creuse dans laquelle il a été servi, d'une seule main et le plus au bord possible; on pose avec précaution cette assiette sur l'assiette plate de chaque personne. Après que le potage est mangé, on enlève l'assiette avec la cuillère et on les porte au fur et à mesure sur la table de service.

On doit avoir à la main une serviette d'office, propre et roulée, on prend le plat préparé dans lequel on a mis une cuillère et une fourchette, on le pose sur la main gauche qui tient en dessous la serviette et on le passe à chaque personne, en le présentant **à gauche**; il faut tenir le plat très droit et immobile, on peut appuyer sur la table le dos de la main qui tient le plat, cela donne plus d'aplomb; quand la personne est servie on relève le plat, en faisant toujours attention de le tenir droit, pour ne pas répandre la sauce et on continue ainsi en suivant l'ordre indiqué.—Si on est seul pour servir et qu'il y ait une sauce à part, dans une saucière, on prend celle-ci de la main droite restée libre, quand la personne que l'on sert a fini de prendre dans le plat, on le relève et on présente la saucière en faisant un demi-mouvement sur soi-même; de même pour le saladier quand la salade doit être mangée en même temps que le plat, et aussi le sucre en poudre avec les fraises, les pêches, etc.

Après chaque plat, les assiettes sont changées; on prend de la main droite une assiette propre, de la main gauche on retire l'assiette sale et on fait l'échange; du côté droit, c'est plus facile et aussi moins gênant pour les personnes à table; on continue ainsi, assiette par assiette; ne jamais les empiler à la main les unes sur les autres, ni laisser les personnes sans assiette devant elles.

Quand on doit changer les fourchettes, on en met une sur l'assiette propre qu'on va donner et on retire assiette et fourchette sales. Si quelqu'un oubliait de poser la fourchette dans son assiette, on le ferait soi-même avant l'échange. Si, ne devant pas changer les fourchettes à tout le monde, quelqu'un laissait la sienne dans son assiette, il faudrait la remplacer; d'un coup d'œil on voit la chose, alors on met une fourchette propre dans l'assiette qu'on va donner et on fait l'échange, de même pour le couteau.—Faire attention de ne pas laisser tomber les fourchettes en faisant ce service, c'est désagréable à voir et à entendre.

Pour l'entremets, s'informer à la cuisine si on doit le manger avec une cuillère ou avec une fourchette et selon la réponse, mettre dans l'assiette une cuillère ou une fourchette à entremets qui sont comme celles à dessert; faire l'échange en enlevant l'assiette sale avec le couteau et la fourchette dedans.

Après l'entremets on enlève les assiettes, toujours une à une, mais cette fois sans les remplacer; on enlève également les salières, les porte-couteaux, etc.—Pour enlever les salières on prend une assiette ou un petit plateau; les porte-couteaux sont enlevés en même temps que les assiettes.—Ensuite on prend la brosse à miettes avec son plateau, ou simplement une assiette et on brosse la table tout autour; il faut faire ce service rapidement; ceci terminé on prend sur le dressoir les assiettes à dessert préparées et on les place devant chaque personne; pour aller plus vite on peut en prendre une de chaque main.—Au dessert le fromage se sert en premier, il ne doit être apporté dans la salle à manger que juste au moment de le passer et on le remporte aussitôt après, à cause de l'odeur qu'il exhale; s'il n'y a pas de couteau exprès, mettre dans l'assiette un couteau à dessert en acier. On change les assiettes aux personnes qui ont mangé du fromage et pendant le dessert autant de fois que cela est nécessaire; ensuite on donne les bols qui auront été préparés à l'avance; deux travers de doigt d'eau tiède, dans laquelle on met parfois quelques gouttes d'alcool de menthe.

Le repas terminé on ouvre les portes qui conduisent au salon.

Potage.—Pour le potage, dans l'intimité de la famille, quelques maîtresses de maison ont l'habitude de le servir elles mêmes; en ce cas, on a mis devant Madame, sur l'assiette plate, autant d'assiettes creuses qu'il y a dc personnes à table; la soupière est posée en face d'elle sur une assiette plate et à côté la louche; il faut se tenir à la gauche de Madame, prendre de ses mains l'assiette qu'elle a remplie, la porter à la personne désignée, revenir en prendre une nouvelle; ainsi de suite jusqu'à la fin. Le potage servi on enlève à la fois, la soupière et l'assiette qui est en dessous.

Quand c'est vous qui servez le potage, vous mettez assiettes creuses et soupière sur la table de service et vous passez les assiettes au fur et à mesure que vous les remplissez; *les remplir* est une manière de parler, car il ne faut le faire qu'à moitié et en évitant de salir les bords; bien remuer le potage en le servant afin de mélanger les pâtes et le bouillon.

Vins fins.—Quand il y a du vin fin, on place des petits verres à la droite du grand; pour le servir, on prend la bouteille de la main droite, bien au milieu, on sert du côté droit en versant doucement dans les verres qu'on remplit sans les faire déborder, on relève la bouteille et avec la serviette que l'on tient de la main gauche, on essuie la goutte de façon à ne pas tacher la nappe.—Les bouteilles doivent être débouchées avant qu'on se mette à table, éviter de les secouer et les mettre sur le dressoir ou sur la table de service en ayant soin de replacer le bouchon pour que le vin ne s'évente pas.—Pour le champagne, on le sert ordinairement dans une cruche à frapper; quand on le sert dans la bouteille, il ne faut le déboucher qu'au moment de le verser; comme en ce cas il y a beaucoup de mousse, on fera attention de ne pas la faire déborder par-dessus les verres. Il est de mauvais goût de faire sauter le bouchon bruyamment.

Attitude.—Pendant tout le service, il faut garder le silence, ne pas avoir l'air d'entendre les conversations; ne répondre ni oui, ni non, ni dire merci, **rien**. Quand on vous demande quelque chose, pain ou autre, vous passez immédiatement la chose demandée, mais sans rien dire. Il faut se tenir très droit, ne jamais quitter la serviette de la main; être très attentif à ce qui se passe sur la table, regarder la maîtresse de la maison qui d'un signe peut vous indiquer ce qu'il y a à faire; ne sortir de la salle à manger que juste le temps nécessaire pour aller chercher les plats.

—Faire le service vivement mais posément, sans jamais avoir l'air de se presser et avec le moins de bruit possible.

Office

Argenterie.—L'entretien de l'argenterie doit être le premier souci du valet de chambre; c'est sa gloire de l'étaler resplendissante sur la table; il doit donc en prendre un soin tout particulier et ne jamais en laisser aller une seule pièce à la cuisine, où elle pourrait être maltraitée.

Pour les **couverts**, avoir dans la salle à manger, sur la table de service, un vieux plateau et au fur et à mesure que l'on dessert, poser dessus les cuillères et les fourchettes, auprès les unes des autres en ayant soin qu'elles ne se cognent pas. Le service fini, porter ce plateau dans l'office.

Mettre de l'eau très chaude dans une terrine, y battre du savon noir de façon que l'eau soit mousseuse; laver les couverts dans cette eau, pièce par pièce avec une brosse douce.—Les œufs et le vinaigre noircissent le bout des fourchettes et cuillères, avoir à portée de la main, du *blanc d'Espagne*, en prendre une pincée entre les doigts, en frotter l'endroit noirci et continuer ensuite le lavage.—Déposer à mesure sur un torchon en évitant toujours de les cogner les unes contre les autres; essuyer avant que ce soit complètement sec; remettre sur le plateau qui aura été nettoyé et reporter dans la salle à manger; donner encore un coup de peau propre avant de les replacer dans le tiroir.

Dans le tiroir, cuillères et fourchettes doivent être rangées par catégories et pas trop serrées.—Compter chaque jour, afin de s'assurer que rien n'a été égaré.

Quand l'argenterie a manqué de soin, voici un moyen de la remettre à neuf.

Prendre avec un linge fin, un peu de *pâte magique*; frotter sur toutes les parties jusqu'à disparition complète des rayures; ce travail demande quelquefois plus d'un quart d'heure par pièce, mais une fois fait, c'est pour longtemps; essuyer avec un chiffon sec, puis frotter avec un peu de *poudre Touron*, en se servant d'une peau; on obtient alors un beau brillant. On enlève la poudre des chiffres et des rainures, avec une brosse douce.

Pour l'entretien journalier, la *poudre Touron* suffit, on ne doit se servir de la *pâte magique* que lorsque l'argenterie commence à se rayer, ce qu'on évite en la manipulant avec soin.—La *pâte magique* peut tacher l'argenterie, on empêche cela en versant dans la boîte, avant de s'en servir, quelques gouttes d'esprit de vin ou d'alcool à brûler.

Les **pièces**: plats, légumiers, saucières, cafetières, sucriers, salières, etc., seront entretenues de la même façon; on aura soin de ne pas fausser les pieds et les anses en pressant trop fortement pendant le nettoyage; toutes ces choses exigent énormément de précaution.—Le *vermeil* s'entretient comme l'argent; de même le ruolz, le métal anglais et le métal argenté.

Couteaux.—Les couteaux seront placés, en desservant, sur le même plateau que les couverts; on lavera les lames avec un chiffon, dans l'eau qui aura servi à l'argenterie, on les tiendra par le manche en évitant de les laisser tremper dans l'eau, ce qui finirait par décoller la virole; essuyer avec un linge sec, frotter ensuite jusqu'à disparition complète des taches, sur la planche couverte de peau, qu'on aura saupoudrée d'un peu de poudre, *Knife polish Wallington*; essuyer avec la peau en faisant briller la virole d'argent et ranger dans les boîtes, sans toucher les lames avec les doigts, ce qui pourrait les faire rouiller.

Les couteaux à lame d'argent seront lavés comme les autres, mais non passés sur la planche, ils seront traités de la même façon que les couverts, avec la *pâte magique* et la *poudre Touron*; les manches aussi bien entendu, quand ceux-ci sont en argent.

Cristaux.—Pour plus de commodité il faut avoir deux terrines dans l'office; une pour l'argenterie et une spéciale pour les verres, tasses, etc...—Remplir la terrine d'eau froide (l'eau chaude pourrait casser les verres), laver dedans les verres, un à un, les renverser pour les égoutter et essuyer pendant qu'ils sont encore humides, avec une serviette bien sèche; éviter de laisser des peluches du linge après les verres. Ranger dans l'armoire en les retournant.—Les bols seront lavés ensuite; pour les tasses on pourra se servir d'eau chaude.

Les *carafes* et les *carafons* devront toujours être clairs et brillants; secouer de l'eau dedans, avant de les remplir pour les repas; quand ils paraissent ternes, mettre dans l'eau des coquilles d'œuf ou de la pomme de terre coupée en petits morceaux; secouer vigoureusement, vider et passer de l'eau claire; toujours bien essuyer après qu'on les aura remplis.

Salières.—Nous avons dit que les salières devaient être toujours pleines, il faut donc les refaire après chaque repas.—On a dans l'office un pot de sel fin et un pot de poivre, de façon à pouvoir ajouter ce qui manque dans les salières; pour le sel il faut avoir soin de ne pas le laisser en grumeaux; on renversera le contenu de la salière dans une assiette et avec une cuillère de bois, on l'écrasera bien; on remplira la salière en pressant et on unira bien le dessus; essuyer le tour, de même pour le poivre; passer le support à la peau s'il est en argent et aussi les petites cuillères qui seront placées dessus, sans enfoncer.

Dessert.—Il est difficile d'indiquer, d'une manière précise, le dressage des fruits; nous essaierons cependant d'en donner quelques notions.

Pour faire les compotiers on se sert de mousse ou de feuilles; bien essuyer celles-ci, en faire un lit les pointes vers les bords du compotier.—*Grosses poires*: en placer en couronne cinq ou six, selon la taille; la queue en l'air; mettre dans l'intérieur de la couronne un petit tampon fait avec des feuilles, dessus une ou deux feuilles, et poser une dernière poire que l'on aura choisie la plus belle.—*Petites poires*: on fait de même une première couronne, le nombre des poires varie selon la grosseur, on remplit le vide intérieur avec le tampon de feuilles, on place dessus quelques feuilles à plat, on refait une deuxième couronne de trois ou quatre poires, encore une feuille et une poire au sommet; toutes les queues droites.—On dresse de même les *oranges*, les *mandarines* et les *pommes*; mais on les pose du côté de la queue, le nœud en dessus. Les *pêches*, les *abricots* sont posés aussi du côté de la queue.—Il faut avoir soin de présenter extérieurement le plus joli côté des fruits, de ne les toucher qu'avec délicatesse pour ne pas les meurtrir ni leur enlever la fleur.—Les *prunes* sont très délicates, les dresser aussi en pyramide, par plusieurs couronnes, trois ou quatre, mais on ne mettra pas de tampon de feuilles, on les arrangera par couches successives.—Les *figues* sont encore plus fragiles, les dresser comme les petites poires, les queues droites.—On laisse la queue aux *grosses fraises*; quand on doit les dresser, on met les queues en dedans, les *cerises* sont arrangées de même en pyramide, les queues en dedans; ce dressage exige une certaine habileté et dans beaucoup de maisons, dans l'intimité de tous les jours, on les dresse naturellement.—Le *raisin* devra être débarrassé des mauvais grains et de tout ce qui pourrait le déparer; on tiendra les grappes par la queue et avec des ciseaux on procédera délicatement au nettoyage.

Est-il besoin de recommander d'avoir les mains rigoureusement propres, pour toucher ainsi les fruits?

Le *fromage* sera tenu couvert dans l'office, s'il n'y a pas de cloche, mettre dessus une assiette creuse renversée.—Tous les fromages mous seront grattés à la surface, pour les débarrasser de leur croûte; faire attention de ne pas les écorcher en faisant ce travail.

Cuivres.—Les cuivres où qu'ils soient placés, doivent être toujours très brillants, quand ils auront été négligés, on les fera revenir en se servant de la *pâte magique*, comme pour l'argenterie; frotter fort et longtemps, essuyer et passer ensuite un peu de *tripoli* pour faire briller.—Pour l'entretien, le *brillant belge* est d'un bon usage; en mettre très peu sur un linge, en frotter l'objet et faire briller avec un chiffon de laine.

Lampes.—Il y a plusieurs modes d'éclairage: électricité, gaz, alcool, pétrole; c'est encore ce dernier qui est le plus usité et qui demande le plus de soin.—Les lampes devront être tenues avec beaucoup de propreté, ne pas trop remplir la toupie qui suinte facilement; bien essuyer partout le pétrole qui aurait pu être répandu; couper la mèche bien régulièrement, essuyer le bec et quand celui-ci est noirci par l'usage, le frotter avec du *papier de verre*; la lumière est d'autant plus vive que l'appareil est plus propre; passer un chiffon avec du *brillant belge* sur toutes les parties de cuivre.—Le pétrole devra être toujours limpide dans la toupie; si étant resté quelque temps dans la lampe, il était trouble, il faudrait le vider tout à fait et on l'utiliserait dans une lampe non transparente. Pour le *verre*, passer plusieurs fois la brosse, puis un chiffon très sec et très propre; reposer le verre sur la lampe en le tenant avec le chiffon pour ne pas y laisser l'empreinte des doigts.

Après que les lampes auront été allumées, il faudra les surveiller pendant quelques moments; ou la mèche n'est pas assez montée, alors cela sent mauvais, ou elle l'est trop et la lampe file; ce n'est qu'après quelques instants qu'on peut s'en apercevoir et régler la lumière.

La lampe à alcool est d'un entretien plus facile, il n'y a pas l'inconvénient du suintement que produit le pétrole.—Pour ces deux genres d'éclairage, il faut avoir soin de faire les lampes au jour, près d'une lumière il pourrait se produire des accidents.

L'abat-jour devra rester dans la pièce où se trouve la lampe; pour l'ôter et le remettre, le prendre par la monture sans toucher au papier ou à l'étoffe dont il se compose.

Encaustique.—Voici une manière très simple de faire l'*encaustique.* Dans un vase quelconque, faire fondre au bain-marie où très doucement sur le bord du fourneau, 160 grammes de *cire jaune*, coupée en morceaux; quand la cire est fondue, verser peu à peu en remuant avec une spatule, un demi-litre d'*essence de térébenthine*; laissez refroidir et couvrez d'un papier comme un pot de confiture. Pour l'usage journalier, avoir une boîte en fer battu que l'on remplit au fur et à mesure des besoins.

MANIERE DE S'EN SERVIR.—Débarrasser le parquet de la poussière et des taches en balayant et brossant, prendre avec un chiffon de laine mis en petit tampon, un peu d'encaustique, en frotter le parquet partout bien également, laisser sécher un moment, étaler en frottant avec la brosse et finir avec le chiffon de laine ou le patin, bien suivre le fil des planches. Pour les meubles on a des brosses exprès. L'encaustique passé sur le linoléum et sur le marbre produit un très joli effet.

Quand sur le parquet il y a des taches de graisse qui résistent à la brosse, ou que la cire s'est encrassée comme sous les tapis, frotter avec de la *paille de fer*; si on le fait avec la main, mettre un gant, la paille de fer coupe, avec le pied il n'y a aucun risque.

Carreaux et glaces.—Les carreaux quoique essuyés tous les jours, ont besoin d'être lavés de temps en temps, de même les glaces dans les appartements. Prendre une petite terrine avec de l'eau additionnée de *vinaigre*, en frotter les carreaux et les glaces et essuyer avec un chiffon bien sec. Le vieux calicot est très bon pour cet usage, il sèche bien sans laisser de peluches.

Boiseries.—Les boiseries blanches se salissent facilement, surtout les portes, fenêtres et persiennes où le frottement des mains laisse des traces. Pour les nettoyer on prend de l'eau de savon dans laquelle on a fait fondre un peu de potasse, on frotte, avec une éponge douce, la partie salie et on essuie aussitôt, car si l'humidité séjournait cela pourrait faire partir la peinture. Les boiseries de couleur se nettoient de même.

Cheminées.—Le feu dressé, la cheminée doit être nettoyée avec soin; l'entourage de cuivre passé au *brillant belge*, la porcelaine lavée ainsi que le marbre du foyer; si les chenets sont en cuivre, les frotter avec le *brilliant belge*; s'ils sont en fonte on les brossera et on les fera reluire avec la *pâte splendide*, on en frottera aussi le tablier ainsi que l'entourage s'il est en fonte au lieu d'être en porcelaine.—A l'entrée de l'été, les cheminées sont vidées complètement et on fait un grand nettoyage de tout l'intérieur.

Quand les pelles et pincettes sont rouillées par le manque d'usage, on les nettoie en les frottant avec du *papier de verre.*

Ecueils à éviter.—Il faut prendre garde en nettoyant d'un côté de ne pas salir ni abîmer d'un autre. Les ingrédients nécessaires au nettoyage de certaines choses, doivent être employés avec précaution. L'*eau de cuivre*, le *brillant belge*, la *pâte magique* brûlent ou font des taches; on aura soin de ne pas poser la bouteille ou le pot directement sur le parquet ou sur les tapis, on mettra en dessous une assiette ou un papier et on fera attention de ne toucher avec le chiffon que le cuivre qu'on veut nettoyer.—La *poudre Touron* est d'un maniement très subtil, tout ce qu'on touche avec devient rouge; quand on doit s'en servir, bien s'installer, mettre un journal sur la table où l'on veut faire le travail et prendre un tablier déjà défraîchi; ensuite bien se laver les mains avec du savon, ayant de toucher à autre chose.—La *potasse*, efficace pour nettoyer la porcelaine et lui redonner le brillant du neuf, rend les objets très glissants pendant le nettoyage, ils échappent des mains; agir avec prudence pour ne rien casser; il faut aussi éviter d'en laisser séjourner sur les toiles cirées ou sur le bois peint, mais en essuyant de suite elle ne produit aucun mauvais effet, au contraire elle nettoie.

En dressant les feux, on fera attention de ne pas toucher avec la tête le lambrequin de la cheminée, le frottement répété des cheveux l'encrasserait très vite.

En balayant ou en frottant, ne pas s'appuyer sur les murs ni sur les meubles; les mains chaudes ou sales laisseraient leur empreinte.

Sur la table à manger en bois ciré, ne rien poser de chaud sans mettre quelque chose en dessous, éviter aussi d'y répandre de l'eau, les taches blanches qui en résultent, sont très longues à s'effacer.

Ne jamais rien poser sur les tapis ou les étoffes qui couvrent meubles et pianos.

S'habituer à fermer les portes en les tirant par le bouton, afin de ne pas salir la peinture par le frottement de la main.

Du soin et de l'attention, en tout et toujours.

N. B.—Les *ingrédients* conseillés dans ce *manuel* ont été expérimentés et jugés efficaces; néanmoins il en existe d'autres similaires, qui peuvent être tout aussi bons et auxquels on pourra donner la préférence si on les croit meilleurs.

La porte

Répondre à la porte est un service qui a une très grande importance; ce service demande de l'intelligence, de l'initiative et du discernement.

Manière de recevoir au «jour de Madame»:

Ce jour-là vous terminez votre ouvrage de bonne heure; vous vous habillez dans la tenue qu'on vous a indiquée et vous vous tenez prêt à ouvrir.—Au coup de sonnette vous ouvrez la porte et sans rien dire, ni bonjour, ni rien, vous attendez droit et immobile qu'on vous fasse la question: «Madame X. est-elle chez elle?» Vous répondez: «Oui Monsieur, ou oui Madame, Madame reçoit.» La personne introduite, vous fermez la porte d'entrée, vous aidez les Messieurs à se débarrasser de paletots, cannes, parapluies, que vous accrochez et placez dans l'antichambre; de même pour les dames auxquelles vous enlevez manteaux, caoutchoucs, snowboots, si elles en ont; vous leur prenez les parapluies; elles gardent à la main ombrelles et en-cas; puis vous précédez le visiteur ou la visiteuse jusqu'à la porte du salon que vous ouvrez toute grande et vous effaçant, vous faites entrer.

Quand on doit annoncer, avant d'ouvrir la porte du salon on demande à la personne: «Qui aurai-je l'honneur d'annoncer?» Alors en ouvrant la porte on répète le nom qui a été dit, assez haut pour que la maîtresse de la maison puisse l'entendre et en faisant attention de ne pas l'estropier, ce qui donne du ridicule.—Il faut tâcher de se rappeler le nom des personnes qui viennent fréquemment et on les annonce, sans rien leur demander.

Dans certaines maisons on n'annonce pas, on inscrit les noms sur un registre, on demande de même le nom aux personnes avant de les introduire, en disant: «Monsieur veut-il me donner son nom? Madame veut-elle me donner son nom?» Et dès que la personne est entrée on écrit le nom, le plus lisiblement possible pour que Madame puisse les relever tous facilement à la fin de la journée.—Il faut se tenir dans l'antichambre afin d'aider des visiteurs à remettre les vêtements qu'ils ont pu ôter en entrant, leur rendre cannes ou parapluies et ouvrir la porte de dehors.—S'il pleut et que la porte du vestibule donne directement dehors, on ouvre le parapluie avant de le remettre aux mains de la personne qui sort. Quand les personnes sont en voiture, on va jusqu'à celle-ci, on ouvre la portière et on aide à monter, puis on referme la portière et on transmet l'adresse au cocher quand elle est donnée.—S'il pleut, on accompagne à la voiture en tenant un parapluie ouvert sur la tête de la personne.—Avoir un parapluie sous la main pour cet office.

En hiver, quand il y a du feu dans la cheminée du salon, pendant le courant de la journée, en ouvrant la porte aux visiteurs, on s'assure d'un coup d'œil qu'il marche bien; si on voit qu'il a besoin de bois ou de charbon, ou bien d'être redressé, on profite d'un intervalle entre les visites pour aller l'arranger, mais s'il ne s'en produit pas, on entre quand même pour faire ce qu'il y a à faire; on le fait discrètement, sans bruit et en tâchant de ne déranger personne; cependant si on doit passer devant quelqu'un, il ne faut pas s'excuser ni demander pardon, il n'y a rien à dire.

Pour la lumière, dès que le jour baisse, il faut penser à allumer; on tâche aussi de profiter d'un moment où il n'y a personne, si cela ne se produit pas à temps, on entre apporter les lampes et allumer celles qui sont au salon, pour cela on apporte à la main un *rat de cave* tout allumé.—Quand la lumière est faite, on ferme les persiennes, si le salon est au rez-de-chaussée et qu'on puisse les atteindre du dehors, on les ferme de cette manière, autrement on le fera de l'intérieur ou on tirera seulement les rideaux, selon les ordres qui auront été donnés à cet égard.

Les allées et venues dans le salon se feront le plus discrètement possible pour ne pas troubler la conversation et on ne s'excusera pas de déranger les uns ou les autres; il faut toujours garder le silence.

Madame ne doit pas être dérangée pendant qu'elle reçoit; si quelqu'un venait la demander pour affaire: un fournisseur, des quêteuses, etc., il faudrait dire: «Madame est au salon, elle a du monde et ne pourra pas vous recevoir aujourd'hui.» Pour des lettres, dépêches, on attendra que Madame soit seule, pour les lui remettre.

Au «jour» on sert ordinairement du thé, mais pour ce genre de service, non seulement chaque maison a ses habitudes, mais encore il varie dans chaque maison, selon les circonstances ou les saisons. La maîtresse de maison indique elle-même ce qu'elle désire à ce sujet. Faire attention aux indications qui sont données et veiller à ce qu'il y ait toujours des tasses propres.

A «son jour» Madame est tenue d'être chez elle, si pour un motif quelconque elle ne peut recevoir, on doit donner ce motif aux personnes qui viennent pour la voir.

Maladie.—On dit: «Madame ne reçoit pas, elle est malade, ou souffrante.»

Deuil.—«Madame ne reçoit pas, elle est en deuil de.....»

Absence.—«Madame ne reçoit pas, elle est absente pour la journée, pour quelques jours, pour quelque temps.»

Sorties.—«Madame ne reçoit pas, elle a été obligée de sortir.»—Si Madame doit revenir pour recevoir,—«Madame est sortie, et n'est pas encore rentrée.»

Cessation de jour.—«Madame ne garde plus son jour.»

Avant de le reprendre.—«Madame n'a pas encore repris son jour.»

Quand une personne vient en dehors du «jour», il ne faut pas lui désigner le jour de Madame, à moins qu'il ne soit demandé; cette personne a peut-être des raisons pour venir à ce moment-là et il ne serait pas poli de lui faire remarquer qu'elle commet une erreur. Mais si on vous demande: «Madame a-t-elle un jour? ou quel est le jour de Madame?» On répond: «Madame reçoit tel jour,» en désignant lequel.

Manière de recevoir en dehors du «jour» ou si Madame n'a pas de «jour».

Il ne faut jamais aller ouvrir sans être dans une tenue convenable, si vous n'avez pas la livrée et que la sonnette vous surprenne occupé à un ouvrage qui ait nécessité l'abandon de la veste, ayez toujours sous la main la veste ou un tablier bien blanc et enfilez rapidement l'une ou l'autre, avant d'aller ouvrir.—Vous ouvrez comme nous l'avons dit précédemment, vous attendez immobile et sans rien dire que l'on vous fasse la question: «Madame est-elle chez elle?» Si Madame est chez elle et qu'elle reçoive, vous répondez simplement: «Oui Monsieur, ou oui Madame,»'et vous procédez pour introduire au salon de la même façon qu'au jour.—Dans le cas où Madame n'est pas au salon, après y avoir introduit le visiteur et lui avoir demandé son nom si vous ne le connaissez pas, vous allez avertir Madame là où elle est, en lui disant: «Monsieur X. ou Madame X. est au salon,» en lui nommant la personne qui l'attend.—Si la visite vient au moment de la nuit et que le salon ne soit pas éclairé, la première chose à faire en introduisant la visite c'est d'allumer, après quoi, vous allez prévenir Madame de la manière indiquée plus haut.

Madame étant chez elle, ne veut pas ou ne peut pas recevoir.—Aux personnes qui viennent vous répondez: «Madame est sortie.» Ce n'est pas un mensonge, c'est une formule polie; il serait grossier de dire: «Madame est là, mais elle ne veut pas recevoir.» Il faut remarquer qu'il y a une différence entre, Madame est *sortie* et Madame est *absente*; sortie, indique que Madame est allée faire des visites, des courses, une promenade; absente, veut dire que Madame n'est plus dans la ville, qu'elle ne rentrera pas de la journée ou de quelque temps; il ne faut donc pas employer indifféremment l'un ou l'autre de ces deux termes.

Parmi les personnes qui viennent on devra discerner celles que Madame peut recevoir dans sa chambre ou pas habillée: parents, amis intimes, et celles-là, à moins d'ordres très précis, on les fait toujours entrer; tandis que les personnes que Madame ne peut recevoir qu'au salon et en toilette, si Madame n'est pas en état de les recevoir ainsi, on dit: «Madame est sortie.»

Quand une personne se présente le matin ou avant deux heures, ce n'est pas ordinairement pour faire une visite, mais parce qu'elle tient absolument à trouver Madame; donc si Madame est chez elle, on fait entrer au salon, on demande le nom et on dit: «Je vais voir si Madame peut recevoir.» Vous allez prévenir Madame et lui dites le nom de la personne qui la demande, puis vous retournez au salon rendre la réponse: «Madame prie Monsieur, ou Madame, d'attendre un moment, ou Madame vient tout de suite.»—Là encore il faut savoir discerner à qui on a affaire; pour un fournisseur, une modiste, une couturière, un commis-voyageur qui offre des marchandises, des demandes de charité, etc., on ne doit pas faire entrer au salon, on prie d'attendre dans l'antichambre et on demande: «Pour qui dois-je prévenir Madame?» On agit ensuite selon les ordres qui sont donnés.

En général, il ne faut faire entrer au salon, en dehors de l'heure des visites, que des personnes connues, car il pourrait se faire que ce fût un escroc, lequel profiterait du moment où vous allez prévenir Madame, pour mettre dans sa poche des bibelots de valeur.

En cas de maladie longue d'une personne de la maison, il faut savoir donner des nouvelles précises aux personnes qui viennent en demander, on devra donc s'informer auprès des maîtres du bulletin du jour et le donner, simplement, sans commentaires.

Il faut être bien exact à remettre les cartes des personnes qui sont venues ou à dire leur nom si elles n'en ont pas laissé.—Transmettre fidèlement ce qu'on a pu vous dire, car ce n'est pas à vous, ni pour vous que la chose a été dite, mais pour qu'elle soit répétée à vos maîtres; enfin s'acquitter le plus promptement possible de toutes les commissions afin de ne pas courir le risque de les oublier; quand vous êtes chargé de porter un paquet au chemin de fer, à la poste; de payer une facture, dès la chose faite, remettre reçus ou monnaie et rendre compte de votre mission.

Pour avertir que la voiture est là, on dit: «La voiture est avancée.» Si c'est la voiture d'une personne étrangère à la maison, on dit du seuil de la porte du salon: «La voiture de Madame X. est avancée,» en faisant toujours précéder le nom du titre s'il y en a un.

Ne jamais rien remettre de la main à la main: lettres, dépêches, papiers, journaux, petits paquets, monnaie, etc., seront remis sur un plateau qui est placé ordinairement dans l'antichambre; de même en dehors du service de table, cuillère, verre, tasse, etc., seront présentés sur une assiette ou sur un plateau.

Pour entrer dans une chambre à coucher ou un cabinet de toilette, il faut frapper à la porte et attendre qu'il vous soit répondu. Dans les autres pièces, salon, salle à manger, cabinet de travail, etc., on peut entrer librement pour les besoins du service, sans frapper.

Quand on vous remet quelque chose entre les mains, la politesse pousse à dire *merci*; cependant pour un domestique, il y a des circonstances où il est convenable de ne pas le dire. Il ne faut pas remercier quand ce que l'on vous donne est une chose faisant partie du service; ainsi de l'argent pour payer un fournisseur, une facture; un objet que l'on vous passe, etc. Il ne faut remercier que si la chose vous est donnée personnellement, les gages, une étrenne, un cadeau, etc.

Un valet de chambre doit savoir faire la corbeille de table; faire le thé, le café, la salade; un peu de cuisine, le pot au feu; un rôti, des œufs, etc., afin de pouvoir au besoin remplacer une cuisinière malade ou absente; il faut qu'il sache mettre le vin en bouteilles; fendre et scier le bois. Il doit être un peu tapissier, il doit savoir planter des clous, accrocher des rideaux, remettre les cordons de tirage, etc.—Observez donc ce qui se passe autour de vous et sous vos yeux, posez quelques questions et à la première occasion essayez-vous à la besogne.

Le secret pour devenir un bon valet de chambre ou un maître d'hôtel modèle, c'est d'aimer son métier, de chercher à se perfectionner en saisissant toutes les occasions qui peuvent faire faire quelques progrès. Il faut aimer les parquets brillants, l'argenterie reluisante, l'ordre et la propreté partout; être plus difficile encore que les maîtres pour tout ce qui touche à la correction et à la régularité du service.

En voilà assez, nous pensons, pour faire comprendre en quoi consiste le service du *valet de chambre*, quand on sera bien pénétré de tout ce que contient ce *manuel*, on ne sera pas surpris par les difficultés et les minuties qu'on pourra rencontrer et on sera capable de les vaincre.

9 789356 892965

Printed at Repro India Ltd.